FORSCHUNGSBERICHTE DES LANDES NORDRHEIN-WESTFALEN

Nr. 1290

Herausgegeben
im Auftrage des Ministerpräsidenten Dr. Franz Meyers
von Staatssekretär Professor Dr. h. c. Dr. E. h. Leo Brandt

Dr. rer. nat. Wolf-Dietrich Meisel

Rheinisch-Westfälisches Institut für Instrumentelle Mathematik, Bonn

Zur Simulation einer digitalen Integrieranlage mittels eines elektronischen Rechenautomaten

Springer Fachmedien Wiesbaden GmbH

ISBN 978-3-663-06620-0 ISBN 978-3-663-07533-2 (eBook)
DOI 10.1007/978-3-663-07533-2

Verlags-Nr. 011290

© Springer Fachmedien Wiesbaden 1963
Ursprünglich erschienen bei Westdeutscher Verlag, Köln und Opladen 1963
Gesamtherstellung: Westdeutscher Verlag ·

Vorwort

Der vorgelegte Bericht gibt einen Überblick über Möglichkeiten, eine digitale Integrieranlage mit Hilfe eines (schnellen) elektronischen Rechenautomaten in flexibler Weise zu simulieren. Hierbei wird die Rechenschaltung als informationsverarbeitendes System betrachtet, in welchem einzelne Grundelemente durch eine teilweise Anordnung miteinander verkoppelt sind. Die gegenseitige Beeinflussung der Elemente führt dabei zwangsläufig zu Überlegungen, deren Grundlagen und weitreichende Bedeutung von C. A. Petri erkannt und beschrieben worden sind.
Die Technik der Herstellung von Rechenschaltungen für Integrieranlagen ist im Bericht als bekannt vorausgesetzt; lediglich Maßstabsfragen im Zusammenhang mit der Integration werden kurz betrachtet. Im übrigen sind die vom Simulationsprogramm unabhängigen Grundtatsachen über digitale Integrieranlagen, soweit sie für das Folgende wichtig sind, vor den Überlegungen zum Aufbau von Programmen behandelt worden.

Bonn, 7. 6. 1962　　　　　　　　　　　　　　　　　　　　　　　W. D. Meisel

Inhalt

1. Allgemeines 9
2. Über die Grundelemente einer digitalen Integrieranlage 11
   - 2.1 Digitale Integratoren 11
   - 2.2 Das digitale Servo 14
   - 2.3 Weitere Grundelemente 15
3. Die Rechenschaltung als informationsverarbeitendes System 16
4. Allgemeines zur Simulation digitaler Integrieranlagen auf einem elektronischen Rechenautomaten 18
5. Zum Aufbau des Internprogramms 19
   - 5.1 Grundelemente 19
   - 5.2 Steuerprogramm 20
6. Das Simulationsprogramm 21
   - 6.1 Kopplungsprogramme 21
   - 6.2 Das Parametereinstellprogramm 22
   - 6.3 Das Ausgabeprogramm 22
   - 6.4 Das Kontrollprogramm 23

Literaturverzeichnis 25

Allgemeines

Digitale Integrieranlagen (DDA)[1] sind ein Versuch, die Analogrechentechnik durch Einbeziehen von Vorteilen digitaler Informationsverarbeitung zu verbessern und in gewissem Sinne zu erweitern.
Von der Benutzerseite her gesehen, ist eine digitale Integrieranlage einem Analogrechner am ähnlichsten. Der Informationstransport wird hier wie dort durch eine Rechenschaltung dargestellt, in der die Ein- und Ausgänge der einzelnen Rechenelemente (Integrator, Servo etc.) miteinander verkoppelt werden. Die Vorbereitungsarbeiten sind also ähnlich bequem und (nach Klärung der mathematischen Form der Gleichungen!) wenig aufwendig. Die Flexibilität gegenüber einem elektronischen Analogrechner ist beachtlich erhöht. Vor allem sind Stieltjes-Integrationen (also Integration über einer beliebigen Variablen) wie bei elektromechanischen Integrieranlagen möglich. Darüber hinaus läßt sich in gleichfalls höherem Maße wie bei elektronischen Analogrechnern der Ablauf unter verschiedenen logischen Bedingungen steuern.
Die zuletzt genannte Eigenschaft berührt bereits die digitale Seite der DDA. *Alle* Grundbausteine arbeiten in digitaler Form. Auf diese Weise wird zunächst eine gegenüber den Analogrechnern erheblich höhere Integrationsgenauigkeit erreicht, die wesentlich nur von der wirksamen Registerlänge und der Impulsfrequenz beschränkt wird. Derartige Überlegungen gaben um 1950 wohl auch den ersten Anstoß zur Entwicklung digitaler Integrieranlagen. Eine Anpassung des Informationstransports an die bei Analogrechnern üblicheAuffassung einer Übertragung von Änderungen läßt sich in einfacher Weise verwirklichen (s. Abschnitt 2.1) und hat ihren Niederschlag auch in der häufigen Bezeichnung des DDA als »Inkrement«-Rechner gefunden. Die übliche elektronische Schalttechnik erzwingt jedoch einen wesentlichen Unterschied zur Informationsverarbeitung im Analogrechner. Die natürliche Simultanarbeit aller Bausteine einer Rechenschaltung muß beim DDA durch sequentielle Behandlung[2] der einzelnen Glieder der Rechenschaltung ersetzt werden. Die Länge eines Arbeitszyklus ist also abhängig von der Zahl der an der Rechenschaltung beteiligten Elemente[3]. Auf diese Weise wird in praxi meist nur eine Arbeitsgeschwindigkeit erreicht, die weit unter den Möglichkeiten elektronischer Analogrechner liegt

---

[1] Meist wird im folgenden die englische Abkürzung DDA (für Digital Differential Analyzer) verwendet.
[2] Geräte wie TRICE mit parallel arbeitenden Bausteinen sind schon wegen des technischen Aufwandes und der damit verbundenen hohen Kosten eine Ausnahme.
[3] Die für die technischen Realisierungen angegebenen Zykluszeiten beziehen sich stets auf eine feste Anzahl von Bauelementen, von denen diejenigen »leer mitlaufen«, die in der Rechenschaltung nicht benutzt werden.

und allenfalls der Geschwindigkeit elektromechanischer Geräte vergleichbar ist. Diesem Nachteil wird jedoch in der Literatur mit dem Hinweis auf die sich ständig steigernden Schaltgeschwindigkeiten der Elektronik begegnet.

Zu bemerken bleibt noch, daß für die Ein- und Ausgabe in Kurvenform entsprechende Zusatzgeräte vorhanden sein müssen. Das Conversionsproblem kann jedoch so gelöst werden, daß auch bei der Eingabe die Abtastung von Kurven über einer beliebigen Variablen möglich ist.

Vor- und Nachteile der DDA gegenüber Analogrechnern oder elektronischen Rechenautomaten sind in der Literatur, z. B. [8, 16, 19, 20, 24, 26, 27, 52, 53, 55], ausführlich erörtert und daher hier nur andeutungsweise gestreift. Erwähnt muß jedoch werden, daß es i. a. überaus schwierig ist, die Fehlerfortpflanzung innerhalb einer Rechenschaltung über viele Integrationsschritte abzuschätzen. Dieser Nachteil ist allen Analogrechnern eigentümlich. Beim DDA sind jedoch alle Fehler systematischer Natur, solange nicht von außen Informationen mit praktisch regellosen Schwankungen (z. B. Analog-Eingabe) zugeführt werden.

2. Über die Grundelemente einer digitalen Integrieranlage

Der Aufbau von Rechenschaltungen für digitale Integrieranlagen ist an der üblichen Analogrechentechnik orientiert, die hier vorausgesetzt wird[4]. Mit Hilfe der beiden Hauptelemente Integrator und Servo sowie der Negation lassen sich auch die arithmetischen Grundoperationen darstellen. Multiplikation mit Konstanten erfolgt beim DDA am einfachsten als Integration mit konstantem Integranden. Eine Weiterentwicklung des digitalen Servos dient zur Nachbildung logischer Abhängigkeiten. Ein- und Ausgabe-Elemente sind im wesentlichen mit peripheren Geräten gekoppelte Speicher.

2.1 Digitale Integratoren

Die Integration $z = \int_{x_0}^{x_1} Y\,dx$ wird zunächst in der üblichen Weise durch eine Summation über Rechtecken ersetzt. In den Formeln

$$dz = Y\,dx, \qquad z = z_0 + \int_{z_0}^{z} dz$$

treten an Stelle der Differentiale »Inkremente« (Differenzen)

$$\Delta z_\mu = Y_\mu \Delta x_\mu, \qquad z_\nu = z_0 + \sum_{\mu=1}^{\nu} \Delta z_\mu$$

Über die Lage der Stützstellen ist hierdurch noch nichts ausgesagt. Mit der Annahme, daß die Y_μ jeweils am Beginn oder Ende eines Intervalls Δx_μ verfügbar sind, ergeben sich folgende Ausdrücke für eine Rechtecksintegration (ν-ter Schritt)

$$Y_{a\nu} = Y_0 + \sum_{\mu=1}^{\nu-1} \Delta y_\mu \qquad \text{(und } Y_1 = Y_0\text{)}$$

$$Y_{e\nu} = Y_0 + \sum_{\mu=1}^{\nu} \Delta y_\mu$$

Hierin ist Δy_μ die Änderung des Integranden Y vom $(\mu-1)$-ten zum μ-ten Schritt.

$Y_{a\nu}$ ist demnach der Integrandenwert zu Beginn des Intervalls für den ν-ten Schritt. Er wird erst geändert, nachdem $\Delta z_\nu = Y_{a\nu}\Delta x_\nu$ gebildet worden ist. Der geänderte Integrand wird erst für den nächsten Integrationsschritt bereitgestellt. $Y_{e\nu}$ enthält dagegen die Änderung Δy_ν bereits.

---
[4] Einzelheiten sind z. B. in [19, 20, 24, 30, 55] zu finden oder in Veröffentlichungen über Analogrechner, von denen eine kleine Auswahl am Schluß der Literaturübersicht genannt ist.

Die hier beschriebenen Integrationsmöglichkeiten erfordern bei vielen Aufgaben für hinreichende Genauigkeit meist sehr kleine Schrittweiten ($|\Delta x| \leq 10^{-4}$). Die Einfachheit des Integrators bedeutet also eine Herabsetzung der Arbeitsgeschwindigkeit des DDA. Man hat daher verschiedene feinere Integrationsmethoden eingeführt, bei denen eine zum Vorhergehenden vergleichbare Genauigkeit schon mit gröberer Schrittweite erreicht werden kann. Sie gehen alle davon aus, daß an Informationen nur Δx_v und Y_{v-1}, Y_v bzw. $Y_{v-1}\underset{v}{\Delta}y$ zur Verfügung stehen, weitere Werte also interpoliert werden müssen.

Verbreitet ist die Trapezintegration, bei der die beiden Rechtecksintegrationen einfach verknüpft werden. Als Y_v wird benutzt (Interpolation 1. Ordnung)

$$Y_v = Y_{av} + \tfrac{1}{2}\underset{v}{\Delta}y$$

Versuchsweise sind auch die Simpsonregel [60], eine Adamsformel [1b] und eine Runge-Kuttaformel 4. Ordnung [34] zur Integration benutzt worden.

Die Voraussetzungen für die Interpolation über die zur Verfügung stehenden Informationen sind jedoch nicht immer erfüllt, bestimmt nicht beim ersten Integrationsschritt des ersten benutzten Integrators. Genauere Überlegungen führen auf tiefere Ursachen, die in Abschnitt 3 behandelt werden. Ein solcher ausgezeichneter Integrator muß also anders arbeiten. Üblich ist hier eine lineare Extrapolation

$$Y_v = Y_{av-1} + \tfrac{3}{2}\underset{v-1}{\Delta}y \quad \text{mit} \quad Y_1 = Y_0$$

Bei Verwendung höherer Interpolationen wäre auch eine Verfeinerung der Extrapolation angebracht.

Alle wesentlichen Details der Arbeitsweise eines DDA lassen sich bereits am Schema der Trapezintegration erläutern. Hieraus ist auch ersichtlich, wie der Vorteil höherer Arbeitsgeschwindigkeit bei genauerer Approximation durch entsprechenden Mehraufwand erkauft werden muß.

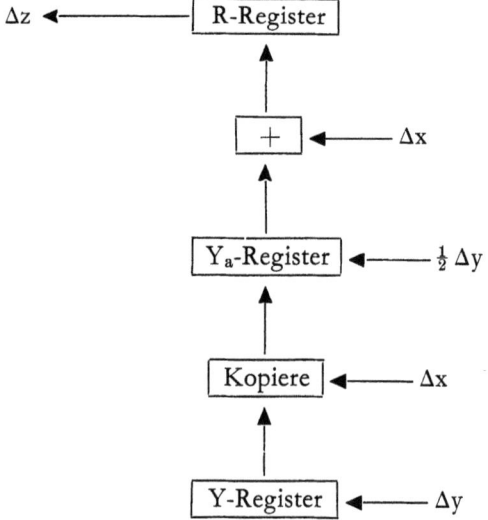

Die Information Δx veranlaßt die Operationen

$$Y \Rightarrow Y_a$$
$$(R) + (Y_a + \tfrac{1}{2} \Delta y) \cdot \Delta x \Rightarrow (R)$$

Anschließend wird noch

$$Y + \Delta y \Rightarrow Y$$

gebildet. Ohne Mühe ist zu erkennen, daß Kopiervorgang und Y_a-Register bei der Rechtecksintegration entbehrlich sind und ein erhöhter Aufwand an Registern bei höherer Interpolation unvermeidbar ist. Das gilt in gleicher Weise für extrapolierende Integratoren.

Die ebenso einfache wie weitreichende Idee, als Δx_v nur ± 1 und 0 zuzulassen[5], ist für den Aufbau des digitalen Integrators (und für die Elektronik eines DDA) von erheblicher Bedeutung. Δx wird zum Steuersignal für den Kopier- und Additionsvorgang (mit positivem oder negativem Vorzeichen). Die Multiplikation ist trivialerweise entbehrlich.

Nun liegt es nahe, den Informationstransport überhaupt nur auf Inkremente 0, ± 1 zu beschränken. Zur Erzeugung des Ausgangsinkrements am Integrator bietet sich dabei in einfachster Weise der Begriff des Überlaufs eines Registers an. Im R-Register des Integrators bildet sich das Zwischenresultat $\sum_{\mu=1}^{v} Y_\mu \Delta x_\mu$ nur modulo der Stellenzahl des Registers, und ein (positiver oder negativer) additiver Überlauf beim v-ten Schritt steht als Ausgangsinkrement $\Delta z_v = \pm 1$ zur Verfügung; sonst wird Δz_v als 0 angesehen.

Für die Verwendung eines Inkrements als Δy muß allerdings das Y_a- und Y-Register so eingerichtet sein, daß Δy bzw. 1/2 Δy an jeder gewählten Stelle addiert werden kann. Schließlich bedeutet ein Überlauf in einem dieser beiden Register eine Überschreitung des zulässigen Integrandenbereiches und erfordert also eine Störanzeige.

Hier erscheint es nun zweckmäßig, auf die Bedeutung der Maßstabsfaktoren einzugehen. Die Maschinengrößen werden als geeignete Vielfache der Problemgrößen interpretiert.

Mit[6]

$$dz^{(m)} = Y^{(m)} dx^{(m)}$$

und

$$dz^{(p)} = K_z dz^{(m)}$$
$$dx^{(p)} = K_x dx^{(m)}$$
$$Y^{(p)} = K_y Y^{(p)}$$

folgt

$$K_z = K_y \cdot K_x$$

---

[5] Auch das Inkrement 0 ist nicht notwendig, s. etwa [68].
[6] Die oberen Indizes m und p bezeichnen die Maschinen- bzw. Problemvariablen.

Mit der Annahme, daß die Register für Y, Y_a und R n Stellen (ohne Überlaufstellen) besitzen und Δy an der Stelle r – von links gerechnet – addiert wird, ergibt sich als Maßstabsfaktor K_y für Δy aus der Beziehung $K_y = B^r K_y$.
Zugrunde gelegt ist die Interpretation des Registerinhaltes als ganze Zahl[7] mit Basis B. Ein Überlauf wird durch $B^r \Delta y$ erzeugt.
Man sieht aus alledem, daß es sich bei der Angabe r um einen Parameter des Integrators handelt, der einstellbar sein muß (Übersetzungsverhältnis), während die Maßstabsfaktoren nur der Interpretation dienen.
Zu bemerken ist außerdem, daß jedes $\Delta x \neq 0$-Signal höchstens ein $\Delta z \neq 0$ Signal erzeugt: Der Integrator verringert also i. a. die Impulsfrequenz der Rechenschaltung. Das führt z. B. dann zu Ungenauigkeiten, wenn der Integrand zu oft wächst, ohne daß bei diesen Schritten $\Delta x \neq 0$ ist. Solche Fehler sind durch die richtige Wahl der Maßstabsfaktoren vermeidbar. Ihr Analogon bei elektromechanischen Integrieranlagen ist die zu rasche Verschiebung des Integranden gegenüber der Änderung der Integrationsvariablen.
Es muß wohl nicht näher erläutert werden, daß in der geschilderten Form der Integration auch die Stieltjesintegration mit enthalten ist, da eine einheitliche Form der Information übertragen wird. Ferner läßt sich der Integrand ohne Mehraufwand an Registern durch eine Summe von verschiedenen Änderungen bilden, so daß auch Integrale der Form

$$z = \int_{x_0}^{x_1} \sum_{j=1}^{q} y_{(j)} dx \qquad \text{(q meist fest)}$$

erfaßt werden. Allerdings bedeutet die Einführung verschiedener Parameter r_j einen zusätzlichen Aufwand auch hinsichtlich der Rechenzeit, so daß meist die Forderung $r_1 = r_2 = \ldots = r_q$ erfüllt werden muß.

2.2 Das digitale Servo

Die Arbeitsweise dieses Grundelementes ist leicht zu beschreiben. Mehrere Eingänge $\Delta y_{(j)}$ werden additiv gekoppelt und liefern als Ausgangsgröße:

$$\Delta z = \begin{cases} 1 \cdot \text{sign} \sum_j Y_{(j)}, & \text{falls} \quad 0 < |\sum_j Y_{(j)}| < c \\ 0 \quad \text{sonst} \end{cases}$$

c ist hierbei ein wählbarer Parameter.

Rückkopplung des Ausgangs auf einen der Eingänge unter Umkehrung des Vorzeichens liefert immer dann $\Delta z \neq 0$, wenn (mit maximalem c) die Bedingung

$$\sum_j Y_{(j)} - z = 0 \quad \text{nicht erfüllt ist.}$$

[7] Ob negative Zahlen durch Komplemente oder Absolutbetrag mit Vorzeichen dargestellt werden, ist hier unwesentlich.

Diese »Additionsschaltung« erweist sich also als spezieller Nachlaufmechanismus. In ähnlicher Form können mit Hilfe von Servos auch logische Verzweigungen erzeugt werden. Anwendungen hierzu sind in [24] nachzulesen. Innerhalb der Rechenschaltungen spielt das Servo eine fast ebenso zentrale Rolle wie der Integrator. Die Rechentechnik für die DDA ist hierbei mehr von der Seite der elektronischen Analogrechner beeinflußt.

Die Einführung von Maßstabsfaktoren erfordert keine besonderen Überlegungen. Dagegen muß darauf geachtet werden, daß nicht mehr Δz erzeugt werden, als in Abhängigkeit von einer anderen Variablen als Eingang an einer anderen Stelle nötig sind (von beliebiger Variable getaktetes Servo – s. zum Beispiel [24]).

2.3 Weitere Grundelemente

TH. ERISMANN weist in [19] darauf hin, daß auch der Integrator mittels des Servos nachgebildet werden kann. Indessen wird man in der Praxis aber die Zahl der verschiedenen Grundelemente eher erweitern, schon um die Vorbereitungszeit für die Rechenschaltung nicht unnötig zu erhöhen. Nach Möglichkeit sollte die Vorzeichenumkehr als besonderes Bauelement vermieden werden, da sich ein positiver und ein negativer Ausgang technisch leicht verwirklichen lassen. Auch wird es oft nützlich sein, über konstante Multiplikatoren, Sin-Cos-Generatoren oder ähnliche Elemente verfügen zu können. Es erübrigt sich aber, hier näher darauf einzugehen.

3. Die Rechenschaltung als informationsverarbeitendes System

Die Verwendung von Interpolations- und Extrapolationsformeln für die Integration macht auf Eigenschaften der Informationsverarbeitung in einer Rechenschaltung für den DDA aufmerksam, die für alle weiteren Überlegungen bedeutsam zu sein scheinen. Die Rechenschaltung impliziert für den Informationsfluß eine teilweise Anordnung der benutzten Elemente. Der Gesamtablauf wird in Zyklen unterteilt, während derer jedes Element genau einmal aus den ihm zur Verfügung stehenden Eingangsinformationen eine Ausgangsinformation erzeugt. Eine genauere Analyse des Ablaufes innerhalb eines Zyklus muß jedoch mehrere Auffassungen grundsätzlich voneinander trennen, wenn man sich an der üblichen sequentiellen Verarbeitung orientiert.

1. Der Zyklus wird in zwei Teilzyklen aufgeteilt. Im Vorderzyklus erzeugt jedes Element mittels seines Internzustandes als Eingangsinformation eine Ausgangsinformation. Im Hinterzyklus wird der Internzustand jedes Elements mittels der Ausgangsinformationen seiner Vorgänger mit neuen Eingangsinformationen versehen.

   Die Wirkung eines Elementes besteht also aus zwei Teilwirkungen, von denen die erste für alle Elemente der Rechenschaltung erfolgt sein muß, ehe die zweite erfolgen darf. Gleichgültig ist hierbei, in welcher Reihenfolge die Elemente innerhalb jedes Teilzyklus wirken.

2. Der Zyklus stellt eine sukzessive Informationsausbreitung dar. Jedes Element verknüpft die Ausgangsinformationen seiner unmittelbaren Vorgänger mit seinem Internzustand zur Eingangsinformation und erzeugt hieraus eine Ausgangsinformation. Die vorgegebenen Anfangsbedingungen definieren den Internzustand zu Beginn. Hier sind gewisse Elemente als Anfangselemente dadurch ausgezeichnet, daß sie im jeweiligen Zyklus keinen Vorgänger besitzen. Ihre Arbeitsweise muß daher notwendig eine andere sein. Außerdem ist es jetzt keinesfalls gleichgültig, in welcher Reihenfolge die Elemente innerhalb des Zyklus wirken! Sie ist durch die von der Rechenschaltung her implizierte (teilweise) Anordnung festgelegt.

Die erste Formel für die Rechtecksintegration erlaubt noch eine Arbeitsweise nach 1. Diese versagt jedoch bereits bei der Trapezintegration, wie man an einer so einfachen Rechenschaltung wie der für die Dgl. $y' = y$ sehen kann. Als eine Möglichkeit für die notwendig andere Arbeitsweise von Integratoren, die Anfangselemente sind, wird z. B. die angegebene Extrapolationsformel gewählt.

Während der Frage der Anfangselemente[8] schon frühzeitig Aufmerksamkeit geschenkt wurde, ist das Problem der Reihenfolge und seine zentrale Bedeutung *unbeachtet* geblieben! Im Normalfall werden bei den existierenden DDA oder den Simulationsprogrammen die Elemente in der Reihenfolge ihrer Numerierung benutzt. Gewiß ist darunter meist eine wählbar, die der durch die Rechenschaltung gegebenen Anordnung entspricht. Jede Verletzung dieser Anordnung führt zu gelegentlich äußerst wirksamen Fehlerquellen und stellt eben nicht die notierte Rechenschaltung dar.

Die Auffassung, daß in jedem Zyklus jedes Element genau einmal Eingangsinformationen übernimmt und hieraus eine Ausgangsinformation erzeugt, verlangt dreierlei: Das Element muß feststellen können,

1. ob es eine Information annehmen darf,
2. ob die Eingangsinformationen vollständig sind,
3. ob die Ausgangsinformation noch benötigt wird.

Die Wirkung auf die Ausgänge des Elements erfordert somit eine Rückwirkung auf seine Eingänge. Zwischen einem Element und seinen Nachbarelementen wird also eine Kommunikation hergestellt, die die Steuerung des Informationsflusses nach der (topologischen) Struktur der Rechenschaltung beinhaltet. Die Überlegungen begegnen hier den Ideen von C. A. PETRI. Die Anwendung der in [G 1] entwickelten weitreichenden Grundlagen auf die digitalen Integrieranlagen dürfte auch bei der konstruktiv-technischen Entwicklung vor allem simultan arbeitender Grundelemente schon in der heute üblichen Technik neue Möglichkeiten eröffnen, die vor allem das Nebeneinander von Grundelementen mit sehr verschiedener Wirkungszeit gestatten.

---

[8] Ohne Beweis soll hier erwähnt werden, daß stets eine geeignete Wahl der Anfangsstellen möglich ist, so daß nur Integratoren als Anfangselemente auftreten. Die Vermutung, es sei dann noch eine Reduktion auf nur ein Anfangselement möglich, ist jedoch falsch, wie man sich am Beispiel der Rechenschaltung für Koppelschwingungen leicht klarmachen kann.

4. Allgemeines zur Simulation digitaler Integrieranlagen auf einem elektronischen Rechenautomaten

Simulationsprogramme [20, 34, 60, 68] sind wohl deshalb hauptsächlich nur zu Versuchszwecken entwickelt worden, weil die effektive Arbeitsgeschwindigkeit der simulierten DDA weit hinter den praktischen Anforderungen zurückbleibt, solange nicht ein genügend schneller Rechenautomat zur Verfügung steht. Mit fortschreitender Rechengeschwindigkeit kommen jedoch die Vorzüge der DDA (höhere Genauigkeit, Verknüpfung mit digitalen-logischen Möglichkeiten) auch schon bei einem Simulationsprogramm zur Geltung. Eine Beschränkung auf wenige Typen von Grundelementen aus technischen Gründen ist unnötig; es können somit flexible Möglichkeiten für Rechenschaltungen geschaffen werden. Alle Vorteile der Vorbereitungsarbeit für eine Rechenschaltung bis zum Einsatz des Rechenautomaten können auf diese Weise weiter verbessert werden. Einen ebenso flexiblen, wie bequem zu handhabenden »Code« zu schaffen, erweist sich dabei nicht nur als Programmieraufgabe, sondern führt an Hand der in den vorhergehenden Abschnitten geschilderten Überlegungen zu der Frage, in welcher Form Rechenschaltungen mittels einer geeigneten (und in ein Maschinenprogramm übersetzbaren) formalen Sprache beschrieben werden können.

Die Anwendung des Simulationsprogramms für Untersuchungen über Fehlerfortpflanzung, Stabilitätsprobleme (z. B. für Amble-Schaltungen, vgl. etwa [A1, A4, A11] oder in der Nähe von Singularitäten) und Störeinflüsse von Größen (praktisch) regelloser Schwankungen dürfte nützliche Beiträge zur Analogrechentechnik liefern. Hierbei erweist es sich als günstig, daß der Speicheraufwand mit dem Umfang der Rechenschaltung nur wenig wächst (s. Abschnitt 5.2). Es können also bequem auch Rechenschaltungen mit sehr vielen Elementen behandelt werden.

5. Zum Aufbau des Internprogrammes

Die allgemeinen Bemerkungen über Bauelemente und Wirkungsweise digitaler Integrieranlagen sind in den vorangegangenen Abschnitten soweit erörtert worden, daß Einzelheiten über das Internprogramm auf Hinweise für die Ablaufsteuerung beschränkt werden können.

5.1 Grundelemente

Die verschiedenen Typen der Grundelemente werden jeweils durch ein Unterprogramm repräsentiert. Dem einzelnen Element einer Rechenschaltung entspricht ein Speichermagazin, seiner Wirkung die Verarbeitung und Abänderung dieses Magazins durch das zugehörige Unterprogramm. Die allgemeinste Form der Kommunikation mit den Nachbarelementen kann z. B. mittels Merkern für jeden Kanal dargestellt werden.
Leeren und Öffnen eines Kanals wird etwa durch die Stellung 0, Füllen und Sperren durch die Stellung 1 des zugehörigen Merkers angegeben. Nur die Kombination

$$1, 1, 1, 1, \ldots, 1; \quad 0, 0, 0, \ldots, 0$$
Eingabekanäle   Ausgabekanäle

löst die Wirkung des Elementes aus und erzeugt

$$0, 0, 0, 0, \ldots, 0; \quad 1, 1, 1, \ldots, 1$$

alle anderen Kombinationen sind von außen her gesehen stabil[9]. Die Wirkung bedeutet in praxi einen sukzessiven Gebrauch der Eingangsinformationen durch das Element und damit die Freigabe der entsprechenden Kanäle, die erzeugte Ausgangsinformation wird in die Ausgangskanäle gefüllt: Logisch stellt sich die Wirkung des Elementes als Überführung der einen in die andere Kombination dar. Diese allgemeinste Form explizit zu programmieren, ist aber oft gar nicht nötig, wenn die Elemente ihre Wirkung nicht selbst auslösen können, sondern diese Auslösung von einem Steuerprogramm übernommen wird, das die Reihenfolge bereits enthält. Sie wird dort notwendig, wo Teilprogramme (z. B. Ausgabe) simultan mit Vorrangkontrollen ablaufen.

---

[9] Vgl. zum Beispiel das W-Element bei Petri [G 1].

An Elementen wird man zum Beispiel benutzen

Integration über eine Integrandensumme (variable, durch die Rechenschaltung festgelegte Integrandenzahl) – evtl. mehrere Typen von Integratoren

digitales Servo
mehrere logische Operationselemente (s. auch Abschnitt 6.2)
arithmetische Grundoperationen
Elemente für spezielle Funktionen

Es ist nicht notwendig (und gelegentlich sogar unpraktisch), alle Elemente nur mit Inkrementen arbeiten zu lassen. Der Übergang von der Inkrementform zur numerischen Größe läßt sich ähnlich wie ein Integrandeneingang behandeln. Umgekehrt wird eine numerische Größe durch Verminderung um Einheitsgrößen (evtl. mit logischem Vergleich gegen eine feste Größe) abgebaut. Man sieht hieraus, daß z. B. die Nachbildung einer Sprungfunktion nur durch eine Treppenfunktion erfolgen kann, wobei die Größe der abbauenden oder aufbauenden Inkremente im Rahmen von Maßstabsfaktoren wählbar bleibt. Übergänge zwischen Inkrementen und numerischer Darstellung sind vor allem dann wichtig, wenn in der Rechenschaltung (simulierte) Elemente der Analogrechentechnik mit typischen Digitalprogrammen (z. B. Approximationsprogramm zur Erzeugung einer Koeffizientenfunktion) gemeinsam verwendet werden.

5.2 Steuerprogramm

Die Verknüpfung der Elemente in der Rechenschaltung, vor allem auch die Reihenfolge innerhalb des Zyklus übernimmt das Steuerprogramm ebenso wie die Zyklenfolge selbst. Es besteht also im wesentlichen aus Sprungbefehlen und Parametertransporten verbunden mit logischer Kontrolle des Ablaufs. Die Erzeugung des Steuerprogramms geschieht durch die Übersetzung einer externen Sprache in die Maschinensprache. Diese Sprache[10] flexibel und problemnah anzulegen, ist eine der Hauptaufgaben zur Herstellung des Simulationsprogrammes.
Hinweise auf die Ausführung der Ablaufsteuerung finden sich in [20, 34, 68]. Die Reihenfolge der Elemente innerhalb eines Zyklus ist dort nur durch die vom Programmierer zu wählende Numerierung festgelegt.

---

[10] Der Name ist hier in einem vielleicht etwas zu weiten Sinne benutzt.

6. Das Simulationsprogramm

Im Simulationsprogramm sind mehrere Programme zusammengefaßt, die das Steuerprogramm erzeugen, kontrollieren und ändern. Hierzu gehören

>Kopplungsprogramme
>Parametereinstellprogramme
>Ausgabeprogramme
>Kontrollprogramme

6.1 Kopplungsprogramme

Das Steuerprogramm ist seinem Charakter nach interpretierbar: denn die Grundoperationen des DDA müssen durch Programme nachgebildet werden. Die Erzeugung des Steuerprogrammes ist auf zwei verschiedene Weisen möglich (das Direktprogramm scheidet in praxi als unzweckmäßig aus): Interpretation und Compilation.

6.11 Interpretation

Das Programm im gewählten Pseudocode (vgl. zum Beispiel [34]) wird von einem interpretativen System Pseudobefehl für Pseudobefehl entschlüsselt und ausgeführt. Das Steuerprogramm wird also nur ausschnittsweise und immer neu erzeugt. Zur Darstellung des zyklischen Charakters gehören also auch »unbedingte Sprünge« innerhalb des Kopplungsprogrammes. Damit ist in einfacher Weise eine Darstellung der Rechenschaltung erreicht. Programmiertechnische Erleichterungen erlauben, mehrere Pseudobefehle für dasselbe Grundelement zu verketten; ein Verzicht auf Adressen etc. ist mit der Vorschaltung einer Art Autocoder möglich, wenn nur irgendeine Regel für die Reihenfolge der Elemente festgelegt wird, z. B. die Reihenfolge ihrer Benutzung im Pseudoprogramm.

6.12 Compilation

Zweckmäßiger als die Verwendung eines Pseudoautocoders erscheinen allgemein Typen von Übersetzern. Es ist nach wie vor nützlich, auch das compilierte Programm einer Interpretation zu unterwerfen. Jetzt kann jedoch die Inter-

pretation auf eine Zwischenstufe wirken, die wenig Aufwand erfordert und von dem Übersetzer zugleich leichter zu konstruieren ist als ein Maschinenprogramm. Rücksicht auf den Benutzer ist dagegen nicht mehr erforderlich.
Der Schritt von hier zur formalen Sprache ist nicht so gering, wie man annehmen möchte. Die Beschränkung auf festumrissene Typen von Grundelementen (auch logischer Art) erleichtert das Vorhaben jedoch. Eine Folgeoperation erscheint überall da angebracht, wo die Darstellung des Vorranges nicht im Operator liegt oder mit Klammern nur unübersichtlich zum Ausdruck gebracht werden kann. Anfangselemente werden auf diese Weise von selbst gekennzeichnet. Die Übertragung einer Schaltskizze für die Rechenschaltung in ein »Programm« wird dabei mindestens so einfach wie das Stecken der Schaltung auf einer Schalttafel, zugleich jedoch flexibler und in dem Maße problemnäher, wie die Form des Programmes der mathematischen Notation angepaßt ist, die die Rechenschaltung beschreibt.

6.2 Das Parametereinstellprogramm

Das vom Kopplungsprogramm erzeugte Steuerprogramm enthält noch keine Angaben über die Koeffizienten (»Übersetzungsverhältnisse«), Anfangswerte, Bedingungsgrößen usw. Häufige Änderungen dieser Werte bei ein und derselben Rechenschaltung sind üblich. Es empfiehlt sich daher, für ihre Eingabe ein besonderes Programm innerhalb des Simulationsprogrammes vorzusehen. Eine einfache und übersichtliche Lösung ergibt sich, wenn man bei der Erzeugung des Steuerprogrammes mittels des Kopplungsprogrammes für die Parameter ein Magazin (oder mehrere) einführt, dessen Zuordnung zu den Elementen der Rechenschaltung dabei festgelegt wird. Es sind ja ohnehin Grundoperationen, die einer Variablen einen Wert zuordnen, erforderlich. Das Parametereinstellprogramm überträgt nun mit Hilfe dieser Zuordnung (die dem Programmierer gar nicht näher bekannt sein muß) die Werte in die zugehörigen Speicher. Nur einige wenige Angaben von der Übersetzungstätigkeit des Kopplungsprogrammes sind hierzu erforderlich.
Das vorgeschriebene Vorgehen erlaubt nicht nur jederzeit bequeme Abänderungen »von Hand«, sondern auch z. B. die automatische Übertragung von Endwerten einer Rechenschaltung in die Anfangswerte einer anderen auf Grund einer logischen Bedingung[11].

6.3 Das Ausgabeprogramm

Innerhalb einer formalen Sprache ist die Ausgabe, bezogen auf u. U. wechselnde Geräte, schwer erfaßbar. Schon mit dem Parametereinstellprogramm als einer

---

[11] Eingebaute Vorrichtungen ähnlicher Wirkung verteuern z. B. auch elektronische Analogrechner erheblich.

Eingabeform sind die üblichen »strengen Prinzipien« durchbrochen. Abgesehen davon, läßt sich die Auswertung von Parametermagazinen auch bequem und flexibel auf die Ausgabe anwenden. Es erscheint sogar zweckmäßig, das Ausgabeprogramm bis auf Parameter festzulegen und diese durch das Parametereinstellprogramm vorzugeben (etwa im Sinne der üblichen Autocodertechnik). Damit ist zugleich erreicht, daß sich die Beziehung zu einem extern angeschlossenen Gerät auf die Bereitstellung der Informationen in Speichern und einen Auslösebefehl (bzw. Auslöseprogramm) beschränkt.

6.4 Das Kontrollprogramm

Unerläßlich ist es, eine Prüfung vorzunehmen, ob eine Rechenschaltung vollständig ist, d. h. sie darf keine – wenn nicht beabsichtigte – freien Ein- und Ausgänge aufweisen, und alle Parameter müssen definiert sein. Diese Kontrolle erfolgt nach der Erzeugung des Steuerprogrammes und nach seiner Vervollständigung durch das Parametereinstellprogramm. Die Kontrolle, ob die Notation der Rechenschaltung im Sinne der gewählten formalen Sprache zulässig ist, ist dagegen schon Teil des Kopplungs- oder Parametereinstellprogrammes. Nicht geprüft werden kann dagegen die Richtigkeit der Interpretation mittels der Maßstabsfaktoren.

Überschreiten von Zulässigkeitsgrenzen muß als Funktion der Grundelemente angezeigt werden. In den meisten Fällen ist wohl ein Fehlerstop angebracht. Die Abänderung der topologischen Struktur einer Rechenschaltung erfordert erneute Übersetzung durch das Kopplungsprogramm. Lediglich auf der Stufe der vollen Interpretation ist das scheinbar nicht so. Aber hier unterliegt der Text (Code) sogar einer ständigen Neuübersetzung und einer ständigen Zulässigkeitskontrolle. Das interpretierende System ist aus diesem Grunde auch in praxi sehr viel zeitaufwendiger für den Ablauf der Informationsverarbeitung als ein durch Übersetzung erzeugtes Programm (selbst wenn dieses selbst auf einer einfacheren Stufe noch interpretiert werden muß).

Dr. rer. nat. Wolf-Dietrich Meisel

Literaturverzeichnis

[1a] ALONSO, R. L., A Special Purpose Digital Calculator for the Numerical Solution of Ordinary Differential Equations. Dissertation, Comp. Lab. of Harvard Univ. Progress Report AF–47. Cambridge, Mass., 1957.

[1b] ALONSO, R. L., A Starting Method for the Three Point Adams Predictor-Corrector Method. Journal of the ACM, Vol. 7 (1960), No. 2.

[2] BECK, R. M., Automatic Coding System for a Digital Differential Analyzer. US-Patent 2 852 187. Anm.: 16. Dez. 1952, Bek.: 16. Sept. 1958.

[3a] BECK, R. M., und M. PALEVSKY, A Digital High Speed Coordinate Conversion System. Vortragsmanuskript, Nat. Conf. on Aeronautical Electronics. Dayton, Ohio, Mai 1958.

[3b] BECK, R. M., und M. PALEVSKY, The DDA. Instrum. and Automation 31 (Nov. 1958), H. 11, S. 1836/1837.

[4] Bendix Corp., Operation Manual, Digital Differential Analyzer, Model D–12. Bendix Computer Division of Bendix Aviation Corporation. Los Angeles, Calif., 1955.

[5] Bendix Corp., Programming Manual for the DA–1-Digital-Differential Analyzer Accessory for the G–15D Computer. Bendix Computer Division of Bendix Aviation Corporation. Los Angeles, Calif., 1957.

[6] BERTON, J. F., Differentiation on DDA using an infinite series method. Math. Analysis Department Study No. 34, Lockheed Aircraft Engineering Dep., Burbank, Calif.

[7] BILSBOUROUGH, BARBARA C., An Introduction to the DDA, CRC–105. BRL Memorandum Report No. 799, Department of Army Project No. 503–06–002, Ballistic Research Lab., Aberdeen, Proving Ground, Maryland.

[8] BLANYER, G., und H. MORI, Analog, Digital and Combined Analog-Digital Computers for Real Time Simulation. Proc. of the Eastern Joint Computer Conference, Washington, Dec. 1957, S. 104–110.

[9] BRANCHFLOWER, D. R., und E. H. MOOKINI, An Evaluation of the Maddida Computer as Applied to Aerolastic and Dynamic Load Analysis. Northrup Aircraft, Inc., Hawthorne, Calif. (Bureau of Aeronautics No. NOas 52–326–c).

[10] BRAUN, E. L., Design Features of Current Digital Differential Analyzers. Convention Record of the IRE, S. 87–97 (März 1954).

[11] BRAUN, E. L., Digital Computers in Continuous Control Systems. IRE Transactions on Computers, Vol. EC–7, pp. 123–128, Juni 1958.

[12] BÜCKNER, H., Über die Entwicklung des Integromat, in: Probleme der Entwicklung programmgesteuerter Rechengeräte und Integrieranlagen. Kolloquium an der TH Aachen, Juli 1952, S. 1–16. Hg. Prof. H. Cremer, Math. Inst. der TH Aachen.

[13] BÜCKNER, H., Ein neuer Typ einer Integrieranlage zur Behandlung von Differentialgleichungen. Archiv der Mathematik, Vol. 2 (1949/50), Nr. 6, 5, 424.

[14] CAMPBELL, L. G. JR., Explanation of how the Maddida Computer Accomplishes its Basic Operations. I. B. Rea Company Inc., Los Angeles, Calif., 1951.

[15] COLLATZ, L., H. MEYER und W. WETTERLING, Die Hamburger Integrieranlage Integromat. ZAMM 36 (1956), S. 234/235.

[16] DICKINSON, M. M., A Comparison of Digital Differential Analyzer and General Purpose Equipment in Guidance System. Commun. and Electronics 52 (Jan. 1961), S. 706–708.

[17] DONAN, J. F., The Serial-Memory Digital Differential Analyzer. MTAC 6 (1952), S. 102–112.

[18] EGGERS, K., Die Hamburger Integrieranlage Integromat. Bericht Nr. 3 des Instituts für Schiffbau der Universität Hamburg, 1954.

[19] ERISMANN, TH., Digitale Integrieranlagen und semidigitale Methoden. Beitrag in Digitale Informationswandler, Hg. W. Hoffmann, 1962, Vieweg und Sohn, Braunschweig, S. 160–211.

[20] FORBES, G. F., Digital Differential Analyzers. An Applications Manual for Digital and Bush-Type Differential Analyzers. Privatdruck, 4. Auflage 1957. Adresse: 13 745 Eldridge Av., Sylmar (San Fernando), Cal.

[21] FORBES, G. F., Differentiation of Plotted Curves on DDA using Servo Methods. Math. Analysis Dep. Study No. 35, Lockheed Aircraft Eng. Dep., Burbank, Cal. (ohne Jahresangabe).

[22] FRIEDLÄNDER, E. R., Analog-Digitalrechner. Elektronik 9 (Sept. 1960), S. 285.

[23] GILL, A., Systematic Scaling for Digital Differential Analyzers. IRE Transactions, Vol. EC-8, No. 4 (Dez. 1959), S. 486–489.

[24] GSCHWIND, H. W., Digital Differential Analyzers. Beitrag in Electronic Computers, Hg. P. v. Handel, 1961, Springer Verlag, Wien, S. 139–209.

[25] HAGEN, G. E., CH. R. WILLIAMS, E. D. PHILBRICK, R. M. BECK und C. R. RUSSEL, Machine for Digital Differential Analysis. US-Patent 2 850 232, Anm.: 26. Dez. 1951; Bek.: 2. Sept. 1958 (Korrespondierende Deutsche Patentauslegeschrift DAS 1 053 820).

[26] HENNEGAR, H. B., New Continous Paths System uses DDA interpolator. Control Eng. 8 (Jan. 1961), H. 1, S. 71–76.

[27] HERRING, G. J., und D. LAMB, The Digital Differential Analyzer as a General Analogue Computer. Proc. Second Int. Analogue Computation Meetings, Straßburg, 1.–6. Sept. 1958. Presses Acad. Europ., Brüssel 1959, S. 392–396.

[28] HILTON, A. M., Analog »Computation« and Analog Machines. El. Technology (El. Manuf.) 66 (Nov. 1960), S. 166–175.

[29] HSI-ZENG, Y., Determination of maximum error of a binary multiplier. Automation and Remote Control 21 (Jan. 1961), H. 52, S. 706–708.

[30] JOHNSON, C. L., Analog Computer Techniques. McGraw-Hill, New York 1956, S. 233–246.

[31] KLEIN, WILLIAMS, MORGAN und OCHI, Digital Differential Analyzers. Instrument Automation, Vol. 30 (Juni 1957), S. 1103–1110.

[32] LEE, R. C., und F. B. COX, A High Speed Analog-Digital Computer for Simulation. IRE Transactions EC-8 (Juni 1959), S. 186–196.

[33] LEGER, R. M., Simulate digitally, or by combining analog and dig. computing Facilities, in: Control Eng. Manual (Hg. B. K. Ledgerwood). McGraw-Hill Book Comp. 1957, S. 48–56.

[34] LESH, F., Simulating a Differential Analyzer on a Digital Computer. Journal ACM, Band 5 (1958), H. 3, S. 281–288.

[35] Litton Industries, Litton-20 Digital Differential Analyzer. Dia. Comp. Newsletter 8 (1956), No. 2, S. 6/7.

[36] Litton Industries, dda Summation. Litton Industries, Beverly Hills, Calif. (ohne Jahr).
[37] Litton Industries, Portable Digital Computer (Litton 20). Western Electronic News, Vol. 3, No. 12 (1955).
[38] LYON, R. L., A Digital Differential Shaft Motion Analyzer. Proc. Nat. Electronics Conf. Vol. XVI, Chicago (Okt. 1960), S. 829–834.
[39] MENDELSON, M. J., Decimal Digital Differential Analyzer CRC 105. Computer Research Corporation, 3348 West El Segundo Boulevard, Hawthorne, California.
[40] MENDELSON, M. J., The Decimal Digital Differential Analyzer. Aeronaut. Eng. Rev. 13 (1954), No. 2, S. 42–54.
[41] MITCHELL, J. M., und S. RUHMAN, The TRICE, a High-Speed Incremental Computer. IRE Nat. Convention Rec. 6 (1958), Pt. 4, S. 206–216.
[42] NESLUCHOWSKIJ, N. S., Digitale Integriermaschinen (mss.). Veröffentlichung des Inst. für Präzisionsmechanik und Rechentechnik der Akademie der Wissenschaften der UdSSR (ITMiVT AN SSSR) in der Serie »Elektronnyje Vytschislitelnyje Maschiny«. Moskau 1960, 106 S.
[43] Northrup Aircraft, Maddida 44a Coding and Scaling Manual. Maddida 44a Operating Instructions. Northrup Aircraft Computer Manufacturing Hawthorne, Calif., 1951.
[44] O'DEA, P. L., Acceptance Testing the Digital Differential Analyzer, CRC 105. Electromech. Labs. Division, White Sands Proving Grounds, New Mexico. Dynamic Systems Memo, No. 30, Digital Simulation Section (1954).
[45] OWEN, P. L., M. F. PATRIDGE und T. R. H. SIZER, The Differential Analyzer and its Realization in Digital Form. Electronic Eng. 32 (1960), Nos. 392 und 393, S. 614–617 bzw. 700–704.
[46] OWEN, P. L., M. F. PATRIDGE und T. R. H. SIZER, CORSAIR, a Digital Differential Analyzer. Electronic Eng. 32 (1960), No. 393, S. 740–745.
[47] OWEN, P. L., M. F. PATRIDGE und T. R. H. SIZER, Control Pulse Generation for a Digital Differential Analyzer. Electronic Eng. 33 (1961), No. 400, S. 364–371.
[48] OWEN, P. L., M. F. PATRIDGE und T. R. H. SIZER, The Main Store of a Digital Differential Analyzer. Electronic Eng. 33 (1961), No. 402, S. 514–520.
[49] PALEVSKY, M., The Design of the Bendix Digital Differential Analyzer. Proc. IRE 41 (1953), S. 1352–1356.
[50] PALEVSKY, M., An Approach to Digital Simulation. Proc. Nat. Simulation Conf., Dallas, Texas, 19.–21. Jan. 1956, S. 18.1–18.4.
[51] PALEVSKY, M., Hybrid Analog-Digital Computer System. Instr. and Automation 30 (1957), No. 10, S. 1877–1880.
[52] PALEVSKY, M., A Real Time Simulation System for Use with an Analog Simulator. Proc. Second Int. Analogue Computation Meetings, Straßburg, 1.–6. Sept. 1958. Presses Acad. Europ., Brüssel 1959, S. 400–402.
[53] PAUL, R. J. A., und M. E. MAXWELL, The General Trend toward Digital Analogue Techniques. Proc. Second Int. Analogue Computation Meetings, Straßburg, 1.–6. Sept. 1958. Presses Acad. Europ., Brüssel 1959, S. 403–406.
[54] RETZINGER, L. P. JR., An Input–Output System for a Digital Control Computer. Librascope Inc., Glendale, Calif. (ohne Jahr).
[55] RICHARDS, R. K., Arithmetic Operations in Digital Computers. D. van Nortrand Co. Inc., New York 1955, S. 303–311.
[56] ROWLEY, G. C., Digital Differential Analyzers. Brit. Commun. and Electronics 5 (1958), No. 12, S. 934–938.

[57] RUTISHAUSER, R. W., DDA – the Chemical Engineers Computer. Ind. and Eng. Chemistry 50 (1958), No. 7, S. 52–54.

[58] SAVASTANO, G., Digital Differential Analyzers (ital.). Elettrotechnica 45 (April 1958), H. 4, S. 202–212.

[59a] SAVASTANO, G., Some Applications of Digital Differential Analyzers. Proc. Second Int. Analogue Computation Meetings, Straßburg, 1.–6. Sept. 1958. Presses Acad. Europ., Brüssel 1959, S. 409–420.

[59b] SAVASTANO, G., Numerical Integration in Differential Analyzers. Proc. Second Int. Analogue Computation Meetings, Straßburg, 1.–6. Sept. 1958. Presses Acad. Europ., Brüssel 1959, S. 421–428.

[60] SELFRIDGE, R. G., Coding a General-Purpose Digital Computer to operate as a Diff. Analyzer. Proc. of the Western Joint Computer Conf. 1955, S. 82–84.

[61] SILBER, W. B., Function Generation with a DDA. Instr. and Control Systems 33 (Nov. 1960), No. 11, S. 1895–1899.

[62] SPRAGUE, R. E., CRC–105 Computer. Aero Digest, Vol. 67, No. 2 (1953).

[63] SPRAGUE, R. E., Fundamental Concepts of the Digital Differential Analyzer Method of Computation. MTAC 6 (1952), S. 41–49.

[64] STEELE, F. G., R. E. SPRAGUE und B. T. WILSON, Digital Differential Analyzer. US-Patent 2 841 328. Anm.: 6. März 1950; Bek.: 1. Juli 1958.

[65] STEELE, F. G., und W. F. COLLISON, Digital Differential Analyzer. US-Patent 2 900 134. Anm.: 26. März 1951; Bek.: 18. Aug. 1959 (Korrespondierende Deutsche Patentschrift 1 038 797).

[66] SVOBODA, F., und M. MARTINEK, Digital Computer for Generation of Data for Automatic Machine Control. Preprints of Papers, Vol. 3, IFAC Congress, Moskau, 27. Juni bis 7. Juli 1960. Butterworth Scientific Publ., London 1960, S. 1347–1350.

[67] TOOTILL, G. C., The Incremental Digital Computer. Process Control and Automation 5 (1958), S. 402–406.

[68] TOSTANOSKI, B. M., C. J. HOPPEL und M. M. DICKINSON, The Simulation of a Digital Differential Analyzer on the IBM Type 701 EDPM. Proc. Nat. Simulation Conf., Dallas, Texas, 19.–21. Jan. 1956, S. 19.1–19.8.

[69] WALZ, R. F., Digital Computers, General Purpose and DDA. Instruments and Automation, Vol. 28, No. 9 (1955).

[70] WEISS, E., Application of the CRC 105 Digital Differential Analyzer. Transactions of the IRE (Professional Group on Electronic Computers), Dez. 1952, S. 19–24.

Literaturhinweise zur Analogrechentechnik (Auszug)

[A1] AMBLE, O., On a Principle of Connection for Bush Integrators. I. Sc. Instrum., Dez. 1946, S. 284.

[A2] BUSH, V., Differential Analyzer. I. Franklin Inst. (1931), Vol. 212, No. 4, S. 447 bis 488.

[A3] BUSH, V., und H. CALDWELL, A new Type of Differential Analyzer. J. Franklin Inst. (1945), Vol. 240, S. 225–326.

[A4] CRANK, J. J., The Differential Analyzer. Longman, Green, London 1947.

[A5] ERNST, D., Elektronische Analogrechner. R. Oldenbourg, München 1960.

[A6] HARTREE, D. R., Calculating Instruments and Machines. Univ. of Illionis Press, Urbana, Ill., 1949.

[A7] HOFFMANN, H., Aufbau und Wirkungsweise neuzeitlicher Integrieranlagen. Elektrotechn. Z. (A) 77 (1956), S. 41–52 und 77–83.

[A 8] KORN, G. A., und T. M. KORN, Electronic Analog Computers. McGraw-Hill Book Comp., New York 1956.

[A 9] MICHEL, J. G. L., Extensions in Differential Analyzer Techniques. J. Sc. Instruments, Okt. 1948, S. 357–361.

[A 10] MICHEL, J. G. L., Recent Developments in Differential Analyzer Techniques. Bonner Math. Schriften Nr. 2/3, 1957.

[A 11] MÜLLER, P. F., Die Integrieranlage des Rhein.-Westfälischen Instituts für Instrumentelle Mathematik in Bonn. Forschungsberichte des Min. f. Wirtschaft und Verkehr des Landes Nordrhein-Westfalen, H. 310, 1956.

[A 12] MÜLLER, P. F., Bericht über das zur Eröffnung des Rh.-Westf. Instituts f. Instrumentelle Math. in Bonn abgehaltene Kolloquium über Großrechenanlagen. MTW-Mitteilungen III, 1 (1956), S. 18–23.

[A 13] MÜLLER, P. F., Erfahrungen mit der Bonner Integrieranlage. MTW-Mitteilungen III, 5 (1956), S. 222/223.

Allgemeine Grundlagen einer Theorie der Automaten

[G 1] PETRI, C. A., Kommunikation mit Automaten. Dissertation, Darmstadt 1962. Schriften des Rheinisch-Westfälischen Instituts für Instrumentelle Mathematik an der Universität Bonn, Nr. 2.

FORSCHUNGSBERICHTE
DES LANDES NORDRHEIN-WESTFALEN

Herausgegeben im Auftrage des Ministerpräsidenten Dr. Franz Meyers
von Staatssekretär Prof. Dr. h. c. Dr.-Ing. E. h. Leo Brandt

RATIONALISIERUNG

HEFT 1052
Prof. Dr.-Ing. Joseph Mathieu, Dr. rer. nat. Konstantin Behnert und Dipl.-Ing. Johann Heinrich Jung, Forschungsinstitut für Rationalisierung an der Rhein.-Westf. Technischen Hochschule Aachen
Mathematisch-organisatorische Studie zur Planung der Kapazität von Betriebsanlagen
1961, 62 Seiten, DM 20,60

HEFT 1073
Prof. Dr.-Ing. Joseph Mathieu, Dr. rer. pol. Roland A. Schmitz und Dipl.-Kfm. Paul Müller-Giebeler, Forschungsinstitut für Rationalisierung an der Rhein.-Westf. Technischen Hochschule Aachen
Untersuchung über Grundlagen und Anwendbarkeit von Vertriebskosten-Vergleichen
1962, 79 Seiten, zahlr. Abb., 5 Tabellen, DM 39,—

HEFT 1111
Prof. Dr.-Ing. Joseph Mathieu und Dr.-Ing. Werner Zimmermann, Institut für Arbeitswissenschaft der Rhein.-Westf. Technischen Hochschule Aachen
Bestimmung des optimalen Produktionsprogrammes in Industriebetrieben
1962, 65 Seiten, 19 Abb., 19 Tabellen, 11 Simplex-Tabellen, DM 54,60

HEFT 1112
Prof. Dr.-Ing. Joseph Mathieu, Dipl.-Ing. Alfred Schnadt, Dipl.-Ing. Hans Schönefeld und Dr.-Ing. Werner Zimmermann, Institut für Arbeitswissenschaft der Rhein.-Westf. Technischen Hochschule Aachen
Beschäftigung und Ausbildung technischer Führungskräfte
1962, 108 Seiten, 2 Abb., 69 Tabellen, DM 49,50

HEFT 1174
Deutsches Krankenhausinstitut e. V., Düsseldorf
Strahlenuntersuchungen und Strahlenbehandlungen — Organisation und Arbeitsablaufgestaltung in Strahlenabteilungen Allgemeiner Krankenhäuser

HEFT 1181
Prof. Dr.-Ing. Joseph Mathieu und Dipl.-Ing. Kurt Gollnow, Forschungsinstitut für Rationalisierung an der Rhein.-Westf. Technischen Hochschule Aachen
Beitrag zur Rationalisierung handwerklicher Betriebe — Entwicklung einer Untersuchungsmethode, dargestellt am Beispiel des Schreinerhandwerks
1963, 118 Seiten, 19 Abb., zahlr. Übersichten DM 62,50

HEFT 1216
Prof. Dr.-Ing. Joseph Mathieu, Dr.-Ing. Johann Heinrich Jung und Dr. rer. nat. Konstantin Behnert, Forschungsinstitut für Rationalisierung an der Rhein.-Westf. Technischen Hochschule Aachen
Ein Verfahren zur Planung der Maschinenbelegung in einer Fertigungsstufe
1963, 39 Seiten, 18 Abb., DM 19,50

HEFT 1225
Prof. Dr.-Ing. Joseph Mathieu, Dipl.-Ing. Johannes Georg Endter und Dr. phil. Carl Alexander Roos, Forschungsinstitut für Rationalisierung an der Rhein.-Westf. Technischen Hochschule Aachen
Der Ingenieur im industriellen Vertrieb
1963, 100 Seiten, 2 Abb., 49 Tabellen, DM 39,40

HEFT 1227
Prof. Dr.-Ing. Joseph Mathieu und Dr.-Ing. Wolfgang Frenz, Forschungsinstitut für Rationalisierung an der Rhein.-Westf. Technischen Hochschule Aachen
Untersuchungen zur Arbeitszeiteinteilung in kontinuierlich arbeitenden Betrieben
1963, 65 Seiten, zahlr. Tabellen, DM 36,—

HEFT 1228
Dr.-Ing. Wolfgang Frenz, Forschungsinstitut für Rationalisierung an der Rhein.-Westf. Technischen Hochschule Aachen, Direktor: Prof. Dr.-Ing. Joseph Mathieu
Beitrag zur Messung der Produktivität und deren Vergleich auf der Grundlage technischer Mengengrößen
1963, 53 Seiten, DM 24,50

HEFT 1229
Dr.-Ing. Georg Ringenberg, Forschungsinstitut für Rationalisierung an der Rhein.-Westf. Technischen Hochschule Aachen, Direktor: Prof. Dr.-Ing. Joseph Mathieu
Ein Beitrag zur Beurteilung von Großzahlerscheinungen in der Arbeitswissenschaft mit Hilfe quantitativer Methoden
In Vorbereitung

HEFT 1230
Dr.-Ing. Mostafa Hamdy Ahmed Hamdy, Rhein.-Westf. Technische Hochschule Aachen, Direktor: Prof. Dr.-Ing. Joseph Mathieu
Beitrag zur Kritik der Verfahren vorbestimmter Zeiten
In Vorbereitung

HEFT 1231
Dr.-Ing. Klaus-Günter Wendt, Forschungsinstitut für Rationalisierung an der Rhein.-Westf. Technischen Hochschule Aachen, Direktor: Prof. Dr.-Ing. Joseph Mathieu
Möglichkeiten und Grenzen der Ermittlung von fertigungstechnischen Kennzahlen und Richtwerten, erörtert am Beispiel der Zahnradherstellung
In Vorbereitung

HEFT 1232
Dr.-Ing. Friedrich Tübergen, Forschungsinstitut für Rationalisierung an der Rhein.-Westf. Technischen Hochschule Aachen, Direktor: Prof. Dr.-Ing. Joseph Mathieu
Untersuchung über Möglichkeiten zur Berücksichtigung unterschiedlicher Erzeugnisqualitäten bei der Produktivitätsmessung, erläutert am Beispiel einer spanabhebenden, feinmechanischen Fertigung.
1963, 76 Seiten, 14 Tafeln, DM 29,—

HEFT 1233
Dr.-Ing. Joachim P. Rockstuhl, Essen-Stadtwall
Untersuchung über Möglichkeiten einer verursachungsgerechten Zuordnung der im betrieblichen Fertigungsablauf entstehenden Kosten, insbesondere der Restgemeinkosten
In Vorbereitung

HEFT 1237
Verband Deutscher Streichgarnspinner e. V., Düsseldorf
Betriebsvergleich in den Streichgarnspinnereien, Teil 1, bearbeitet vom Forschungsinstitut für Rationalisierung an der Rhein.-Westf. Technischen Hochschule Aachen
Direktor: Prof. Dr.-Ing. Joseph Mathieu
In Vorbereitung

HEFT 1250
Dr. Friedrich Walter, Lehrbeauftragter für Regionale Statistik an der Universität Münster
Regionale Wirtschaftsstatistik nach Betrieben, ihre kartographische Auswertung und deren Bedeutung
In Vorbereitung

HEFT 1257
Dipl.-Ing. H. Lick, Dipl.-Ing. A. Prüßmann und Dipl.-Ing. J. M. Rychwalski, Institut für Elektrische Nachrichtentechnik der Rhein.-Westf. Technischen Hochschule Aachen
Beiträge zur Theorie und Praxis selbsttätiger elektrischer Brandmelde-Geber
II. Teil: Brandmeldung als nachrichtentechnisches Problem, Prüfung der thermischen Eigenschaften der Temperatur-Geber, Rauch als Merkmal eines Brandes, Auswertung von Brandstatistiken
1963, 76 Seiten, Zahlr. Abb., DM 39,50

HEFT 1259
Priv.-Doz. Dr. med. Dr. phil. Joseph Rutenfranz und Prof. Dr. med. Otto Graf, Max-Planck-Institut für Arbeitsphysiologie, Dortmund
Zur Frage der zeitlichen Belastung von Lehrkräften
1963, 53 Seiten, 7 Abb., 15 Tabellen, DM 24,—

HEFT 1265
Dr.-Ing. Fulvio Fonzi, Institut für Arbeitswissenschaft der Rhein.-Westf. Technischen Hochschule Aachen, Direktor: Prof. Dr.-Ing. Joseph Mathieu
Beitrag zur Anwendung mathematischer Methoden für eine wirtschaftlichere Gestaltung der Fertigung
In Vorbereitung

HEFT 1266
Prof. Dr.-Ing. Joseph Mathieu und Dr.-Ing. Johann Heinrich Jung, Forschungsinstitut für Rationalisierung an der Rhein.-Westf. Technischen Hochschule Aachen
Rechenprogramm und Beispielrechnung in einer Fertigungsstufe
1963, 33 Seiten, 3 Abb., 3 Tabellen, DM 15,60

HEFT 1269
Dipl.-Ing. K. H. Eberhard Kroemer, Max-Planck-Institut für Arbeitsphysiologie, Dortmund, Direktor: Prof. Gunther Lehmann
Bedienteile an Handpressen und anderen Werkzeugmaschinen

HEFT 1279
Karl-Heinz Böhling, Rhein.-Westf. Institut für Instrumentelle Mathematik, Bonn
Zur Strukturtheorie sequentieller Automaten
In Vorbereitung

HEFT 1290
Dr. rer. nat. Wolf-Dietrich Meisel, Rhein.-Westf. Institut für Instrumentelle Mathematik, Bonn
Zur Simulation einer digitalen Integrieranlage mittels eines elektronischen Rechenautomaten

HEFT 1291
Gerhard Schröder, Rhein.-Westf. Insitut für Instrumentelle Mathematik, Bonn
Über die Konvergenz einiger Jacobi-Verfahren zur Bestimmung der Eigenwerte symmetrischer Matrizen
In Vorbereitung

HEFT 1301
Dipl.-Ing. Peter Mevert, Forschungsinstitut für Rationalisierung an der Rhein.-Westf. Technischen Hochschule Aachen, Direktor: Prof. Dr.-Ing. Joseph Mathieu
Untersuchung über die Genauigkeit von Multimomentstudien
In Vorbereitung

HEFT 1306
Prof. Dr. E. Peschl und Dr. Karl Wilhelm Bauer, Rhein.-Westf. Institut für Instrumentelle Mathematik, Bonn
Über eine nichtlineare Differentialgleichung 2. Ordnung, die bei einem gewissen Abschätzungsverfahren eine besondere Rolle spielt
In Vorbereitung

HEFT 1307
Dipl.-Math. Jürgen R. Mankopf, Rhein.-Westf. Institut für Instrumentelle Mathematik, Bonn
Über die periodischen Lösungen der VAN DER POLschen Differentialgleichung $\ddot{x} + \mu (x^2 - 1) \dot{x} + x = 0$
In Vorbereitung

HEFT 1308
Heinz Ober-Kassebaum. Rhein.-Westf. Institut für Instrumentelle Mathematik, Bonn
Über die P-Separation der Schrödlinger-Gleichung und der Laplace-Gleichung in Riemannschen Räumen
In Vorbereitung

HEFT 1313
Joachim Hornung und Dr. med. Jürgen Stegemann, Max-Planck-Institut für Arbeitsphysiologie, Dortmund Direktor: Dr. med. Gunther Lehmann
Ein nichtlineares kybernetisches Modell für die Pupillenreaktion auf Licht
In Vorbereitung

Verzeichnisse der Forschungsberichte aus folgenden Gebieten können beim Verlag angefordert werden:
Acetylen/Schweißtechnik – Arbeitswissenschaft – Bau/Steine/Erden – Bergbau – Biologie – Chemie – Eisenverarbeitende Industrie – Elektrotechnik/Optik – Energiewirtschaft – Fahrzeugbau/Gasmotoren – Farbe/Papier/Photographie – Fertigung – Funktechnik/Astronomie – Gaswirtschaft – Holzbearbeitung – Hüttenwesen/Werkstoffkunde – Kunststoffe – Luftfahrt/Flugwissenschaften – Luftreinhaltung – Maschinenbau – Mathematik – Medizin/Pharmakologie/NE-Metalle – Physik – Rationalisierung – Schall/Ultraschall – Schiffahrt – Textiltechnik/Faserforschung/Wäschereiforschung – Turbinen – Verkehr – Wirtschaftswissenschaft

WESTDEUTSCHER VERLAG · KÖLN UND OPLADEN
567 Opladen/Rhld., Ophovener Straße 1-3

GPSR Compliance
The European Union's (EU) General Product Safety Regulation (GPSR) is a set of rules that requires consumer products to be safe and our obligations to ensure this.

If you have any concerns about our products, you can contact us on

ProductSafety@springernature.com

In case Publisher is established outside the EU, the EU authorized representative is:

Springer Nature Customer Service Center GmbH
Europaplatz 3
69115 Heidelberg, Germany

www.ingramcontent.com/pod-product-compliance
Ingram Content Group UK Ltd.
Pitfield, Milton Keynes, MK11 3LW, UK
UKHW051659240426
12048UKWH00039B/1427